CONSTRUIR

MUNDOS

Miguel Domínguez Galán

Doce Tribus

europa ediciones

© 2024 **Europa Ediciones** | Madrid

www.grupoeditorialeuropa.es

ISBN 9791256960255

I edición: diciembre del 2024

Distribuidor para las librerías: **CAL Málaga S.L.**

Impreso para Italia por *Rotomail Italia S.p.A. - Vignate (MI)*

Stampato in Italia presso *Rotomail Italia S.p.A. - Vignate (MI)*

Doce Tribus

Este libro está dedicado a las personas que me han ayudado a crecer.

Quiero expresar el agradecimiento más profundo,
a todos aquellos que han confiado en mí.

"*Todas las grandes inteligencias del mundo - ya sean místicos, poetas o científicos- están totalmente de acuerdo en una cosa: que cuanto más sabemos, más nos damos cuenta de que la vida es un misterio.*"

Osho

"*Cada vida humana tiene potencial, si ese potencial no se cumple, entonces esa vida se habrá malgastado.*"

Carl Jung

Índice

Introducción

Este libro nace gracias a la experiencia de mi aprendizaje en el ámbito energético. Este recorrido me ha llevado a ordenar los conocimientos adquiridos en este plano.

Adquiriendo conciencia de la energía, que afortunadamente me acompaña en esta vida, descubro la necesidad de transmitir a los demás estos conocimientos.

Conectarme a mi propia energía, entender sus cualidades, capacidades y objetivos, me ha guiado hacia este fin.

En este recorrido en el plano energético, he ido superando las pruebas que se me han presentado con humildad y esfuerzo, entendiéndolas como esenciales para alcanzar la *Conexión Energética* (son ayudas para la conexión).

Afrontar las pruebas me ha animado a continuar con la experiencia, a crecer como persona y a aceptar mi yo.

Por ello, intento cumplir con los planes que para mí tiene la energía, aprendiendo en cada etapa de la vida, aceptando el recorrido.

Escribir este libro, ha resultado la prueba más compleja que he tenido que superar hasta el momento.

- Primero, porque hay aprendizaje y mucho trabajo detrás, para llegar a sentir la seguridad de transmitir a los demás las ideas con convicción.

- Segundo, porque el hecho de escribir es en sí una prueba. Y tercero y lo más difícil, concluir qué deseaba escribir, cómo, por qué y para qué.

- En el momento que tuvo que ocurrir, ocurrió. Dejándome llevar por mi energía, con un péndulo como ayuda, me senté a escribir y surgió el libro.

Simplemente, tenía que conectarme a la energía del universo y reflejar en un texto la información que estaba siendo capaz de recibir.

La evolución de mi conexión a la energía permite el acceso a la información de este Plano.

Sorprendido y abrumado por tener acceso a estos conocimientos, me aseguré en todo momento de contar con el consentimiento energético para transmitirlos.

No se trata de un texto que tuviese planeado, he sido el primer sorprendido de por dónde transcurría. Me ha resultado complejo hacerme el esquema mental de lo que aparecía en cada sesión de escritura y cómo enlazarlo todo para que resultase fluido, sin variar la información recibida.

Mi deseo personal es que sirva a alguien para su conexión, que ayude a alguien en su propia evolución.

El resultado es un relato sobre el mundo energético y las energías evolutivas, sin pretensiones de realizar un estudio complejo, sino más bien, un relato abierto a interpretaciones personales.

Expone la <u>organización</u> de las energías, sus <u>jerarquías</u> y la <u>interacción</u> que el ser humano y el Planeta Tierra, tienen en el plano energético.

Primera Parte

Inicio

En el inicio de los tiempos, todas las energías dispersas por el Cosmos se atrajeron, se conectaron y fueron entrelazándose, formando una red energética extensa.

La conexión de las energías, obedecían al deseo de generar un escenario idóneo para el desarrollo físico de las energías evolutivas. Este era el inicio del plan de UNO.

❖ UNO está en todo, él es energía, todas las energías lo forman.

Al unirse la energía también se formó la materia. La energía y la materia se concentraron tanto que generaron una energía descomunal, dando paso a una gran dispersión de toda la materia por el Cosmos.

❖ La energía tiene por regla el equilibrio, tiende a él en toda circunstancia.

Debido a esta particularidad, todo en el Universo es geométrico. La materia se une creando las formas corpóreas que menos resistencia ejercen. Tienden a representar la forma geométrica más factible y funcional.

❖ UNO, dio impulso a la creación de este Universo.

El Universo, es el escenario para que se <u>desarrolle</u> el equilibrio; las energías <u>alcancen</u> sus objetivos; se den las <u>condiciones</u> y las situaciones necesarias para la evolución.

El escenario necesitó de un gran espacio temporal para estar lo suficientemente preparado como para albergar vida. Sufrió de muchas <u>transformaciones</u>, <u>expansiones</u> y <u>colisiones</u> de partículas y masas, hasta quedar conformado como lo conocemos: en constante y vital movimiento, agrupando fuerzas en formaciones estables como son las galaxias (formadas de estrellas, planetas, satélites...)

La energía forma una red invisible para nuestra capacidad de percepción, es indetectable por los sentidos naturales de nuestra especie, aunque como seres evolutivos, contamos con la capacidad de superar esos límites para conectarnos a la energía y descubrir ese otro plano inmaterial, el plano energético.

Como seres vivos, contamos con la percepción, el instinto. Afortunadamente, también contamos con nuestra energía evolutiva y la conexión.

La conexión es una característica de las energías, interaccionan entre ellas por medio de esta conexión. Las energías se conectan entre sí, no chocan unas con otras como los cuerpos sólidos, sino que se unen en el mismo espacio.

❖ Todos somos energía, todo es energía y todo tiene energía.

De forma parecida a un panal de abejas, donde las celdas de cera que son inicialmente cilíndricas se vuelven hexagonales, debido al aumento del número de celdas y la presión que ejercen, así ocurre con la red de energía, formando una red tridimensional de prismas hexagonales que ocupa el cosmos.

Toda la materia, así como la energía, al conectarse o unirse, tiende a representar la forma geométrica más factible y funcional.

❖ La energía está en todo lo material, es la mínima materia existente. Está en todo, se transforma, pero no se destruye.

• Allí donde no hay nada, hay energía.

La vida es el desarrollo de la energía y la materia en pro de un escenario para crecer y evolucionar. Donde se dan las condiciones óptimas, aparece la vida, complementando el equilibrio energético y connatural.

La conexión se produce gracias a la capacidad intrínseca de la energía. La mente se desarrolla con las necesidades del ser en concreto, para interactuar en su medio. La mente ejecuta la conexión entre energía y materia. Así a los seres se les proporciona la oportunidad de alcanzar la conexión a la energía, a crecer, a conectarse con el UNO, el creador del universo.

Por ello, la materia y la mente son particulares de cada ser y su entorno, necesitan estar adaptados para su correcto desarrollo. La energía es universal.

Cuanto más conectado esté un ser consigo mismo, su entorno y su energía, más completa será su adaptación, su conexión, colaborando más efectivamente al equilibrio energético.

La energía, que necesariamente tiende a la perfección, evoluciona sin fin, equilibradamente.

❖ Energía, junto a la materia, la vida, la mente, en busca de la conexión total, la conexión con UNO.

Uno

UNO, son todas las energías de este Universo.

Fue su decisión que todas se organizasen y evolucionasen.

Inicialmente, las energías de UNO se organizaron en dos grupos energéticos. Estos grupos contaban cada uno con doce energías superiores, principales. Energías excepcionales que se habían conectado mejor, más rápido, más efectivamente.

Los dos conjuntos de energías son Luz y Fuego. Son energías complementarias entre sí, contrapuestas. Para que exista una, es necesaria la otra.

Las doce energías principales de Luz y las doce de Fuego, son las mayores energías que forman a UNO.

El resto de energías, tanto de un grupo como del otro, son muy inferiores, complicadas de organizar y necesitan del equilibrio energético para la gestión de su proceso.

Para alcanzar el equilibrio, se hizo necesaria la interacción de estas energías en los planetas; un medio físico que aporta otras energías complementarias.

El Universo, que es el escenario físico y las energías que en él interaccionan, se organizan, se preparan y evolucionan hasta alcanzar el equilibrio.

Todo tiene energía (cualquier material, los gases, los seres vivos).

En todo y en la nada, es la máxima constante cósmica. Es lo que genera la conexión entre materia y vida.

Al convivir las energías en los escenarios físicos, se sumó la interacción de elementos energéticos nuevos, propios de lo material: el elemento **madera**, **tierra**, **fuego**, **agua** y **metal**, que junto a la dualidad que aportan Luz y Fuego (elementos naturales del Cosmos), proporcionan a las energías la capacidad de equilibrarse y generar un núcleo estable (energía conexionadora), conocida como **Tao**.

❖ Este proceso facilita que las energías se completen, evolucionen, se conecten. Un proceso en busca del equilibrio perfecto.

Cuando UNO tuvo el escenario preparado, con los sistemas planetarios fluyendo en el Cosmos, inició la participación de las energías conscientes, capaces de evolucionar, en sus respectivas localizaciones.

❖ Estas energías tienen la capacidad de evolucionar hasta la conexión total. Estas energías hacen crecer al UNO.

UNO encargó la tarea organizativa de la evolución de los seres energéticos en los medios físicos, a las doce energías referentes de Luz, y a las doce energías referentes de Fuego.

Estas energías se repartieron en los doce planetas preparados por UNO, de manera que; una energía Luz y una Fuego se encargaban de cada escenario planetario, aportando un equilibrio inicial necesario para la correcta evolución.

❖ UNO, de este modo, organizó el Universo en doce tribus energéticas:

- Cada una en un escenario planetario, en una galaxia distinta.
- Cada una con una energía Luz y una Fuego como ayuda y referencia.

Estas doce tribus repartidas por el Universo han evolucionado de acuerdo a su escenario, al ser en el que se encarnan y a la interacción en el plano físico. Cada una ha seguido su propio proceso, por lo tanto, no son exactas unas a otras, es probable, que existan pocas similitudes entre ellas.

Las energías Luz y Fuego de cada planeta, tienen que estar equilibradas (para que resulte adecuada la experiencia de las energías y para la propia evolución de éstas).

Luz y Fuego necesitan del equilibrio, lo obtienen gracias a las energías que participan en los escenarios físicos (ya que deben equilibrarse entre ellas y en sí mismas), pero la interacción con cuerpos físicos y la convivencia, los convierte en seres propensos a la desconexión con las energías superiores, propensos al egocentrismo.

❖ Esta paradoja de las energías convirtiéndose en seres materiales, para el crecimiento de la propia Energía, es el camino para alcanzar la eternidad del ser energético.

Luz y Fuego en la Tierra

La Tierra fue uno de los doce planetas escogidos por UNO, debido a sus cualidades óptimas. Aquí fueron enviadas dos energías: una Luz y una Fuego. Con el fin de organizar, guiar y respaldar la evolución de las energías y seres que lo compondrían. En cada escenario planetario se escogieron las especies más adaptables, con más capacidad para la conexión y progresión.

Luz compuso un plan organizativo basado en su conocimiento innato como energía, creando sus doce tribus y repartiéndolas por el planeta tierra, con doce energías elegidas de entre sus aliadas que guiasen al resto.

❖ Cada tribu, una localización. Cada tribu, una evolución.

Fuego, al verse lo suficientemente evolucionado y sin necesidad de cargarse con exigencias, aprovechó el sistema ideado por Luz, de manera que sus energías convivirían juntas.

El objetivo final de Fuego era restar valor a lo realizado por Luz, demostrar a UNO, que se encontraba un escalón por encima.

❖ Todas las energías tienden a la unión, a la conexión, al crecimiento. Con ello se acercan más al UNO, a su referente, a la perfección.

Luz mostrando su implicación en el proyecto, reencarnó su energía en un ser vivo. Colaborando activamente en la formación de una de las tribus del planeta Tierra.

❖ Luz lideró la tribu número uno.

Fuego rechazó ser líder de una sola tribu. Él mandaría en todas sus energías asociadas. Colonizarían las tribus de luz, para otorgarle <u>gran poder</u>.

Todo

❖ UNO es el enviado de TODO a este universo.

Es el encargado de <u>crear</u> y <u>favorecer</u> el desarrollo del universo.

Con la presencia energética de UNO, este universo se convirtió en el escenario donde se desarrolló la evolución de las energías.

❖ Todas las energías somos parte de UNO.

UNO creó un sistema operativo compuesto de doce tribus energéticas distribuidas por el universo, cada tribu convive en un escenario o planeta.

Esta organización cumple la función de crear medios físicos estables, donde desplegar la evolución energética.

En cada planeta o escenario, la tribu energética, se divide a su vez en doce tribus que, distribuidas por su escenario, interaccionan con su medio evolucionando.

Según avanzan en la colonización del medio, aumenta el número de individuos para el proyecto, lo que provoca mucha más interacción entre seres y tribus. La convivencia (en el planeta), de seres y tribus, genera vínculos y conocimientos comunes que perduran en el tiempo.

❖ TODO creó a UNO y a sus once iguales. Los dispersó por distintos universos. Son las doce energías principales de TODO.

Para las energías en general, los seres y cuanto hay en este universo, nuestra energía de referencia es UNO.

No es necesaria la conexión con TODO, que está en otro plano muy alejado de las capacidades básicas de las energías.

UNO es parte de él, UNO es nuestro TODO, son la misma energía.

❖ TODO creó doce energías a su semejanza, siendo él.

Cada energía generaría su escenario donde desarrollarse. Estas son las doce energías líderes de todas las Inferiores.

Siguiendo el plan organizativo energético, estas doce energías establecieron a su vez tribus de energías para que siguiese representándose el esquema en el mundo material.

En cada escenario, el líder estableció su modo de creación.

El sistema de doce tribus acabó extrapolándose a todos los escenarios, representándose a su vez, en cada planeta, en cada región, en cada civilización.

❖ Hay **cuatro energías hermanas** de **TODO**. Siempre han existido, son las energías iniciales, creadoras.

Cinco energías primarias. Cada una encargada de doce universos, sumando un total de **sesenta universos**, donde desarrollar la evolución de las energías.

En cada universo, de entre todas las galaxias formadas, hay doce con doce planetas escogidos, en ellos se desarrolla la evolución energética de las doce tribus correspondientes.

Solo tenemos conocimiento de este universo, donde se encuentra la Vía Láctea conteniendo al planeta Tierra.

No se conoce el escenario en su totalidad, es demasiado inmenso. Su inmensidad permite la evolución de las energías de acuerdo al plan establecido.

Los sesenta universos se encuentran en distintos planos físicos, como si se tratase de un libro con sesenta páginas. No son accesibles, no hay conexión física entre ellos.

Las energías conscientes, elegidas para la evolución, no reúnen la capacidad de conectar con ellos. Solo UNO y sus iguales tienen ese poder.

Nuestro planeta pertenece al universo creado por UNO y es una de las doce tribus energéticas de este universo.

❖ El **planeta Tierra** es el número **siete** de los doce elegidos por UNO.

Árbol Energético

5 energías iniciales:

TODO - TODO - TODO - TODO – TODO

❖ Cada TODO encargado de 12 UNOS

UNO-UNO-UNO-UNO-UNO-UNO-UNO-UNO-UNO-
UNO-UNO-UNO

❖ Cada UNO, un universo

❖ Cada universo, 12 tribus

Tribu-Tribu-Tribu-Tribu-Tribu-Tribu-Tribu-Tribu-Tribu-
Tribu-Tribu-Tribu

❖ Cada tribu, un planeta

❖ Cada tribu, un ser referente Luz y Fuego

Tribu número Siete

Colonización

Luz y Fuego, las energías enviadas para supervisar el desarrollo de este escenario, se valieron de energías súbditas suyas, para que interaccionasen con la vida existente y crear la tribu número siete de este universo, que se corresponde a nuestro planeta.

Como en los otros escenarios, el planeta Tierra se escogió por sus cualidades. Reunía las condiciones necesarias para que las energías creciesen, evolucionasen y experimentasen en el medio físico.

La energía, a través de sus enviados, equilibra el planeta, e impulsa su propia energía, dando lugar a seres nativos aptos para la evolución, así como el entorno óptimo para que se desarrolle.

En los planetas que no se inoculó energía, o con los que no se interaccionó, aunque exista algo de vida, no hay seres evolutivos nativos.

El proceso evolutivo es largo y tedioso, con muchos factores implicados y muchas variables. Un proceso de prueba y error, en el que muchas especies, muchas colectividades, aparecen y desaparecen, se adaptan y evolucionan. Un proceso sin fin.

Todas las energías se pueden dividir en dos grandes grupos, las fieles a Luz y las fieles a Fuego. Al inicio no era tan clara esta división.

Con el tiempo y la convivencia entre ellas en los medios físicos, se agrandó la brecha que las separaba.

❖ Esta distinción de la energía resulta beneficiosa para el equilibrio energético.

La existencia y el conocimiento de estas dos facciones de las energías, por parte de los seres, llevó a su valoración como el principal elemento diferenciatorio, calificándolo como: Yin-Yang, bien y mal, luz y oscuridad.

En el UNO y en el TODO no existe esta separación. Son cualidades intrínsecas en la energía y el recipiente. En este caso los humanos, no podemos cambiarlo, aunque hay muchos factores que intervienen al pasar por el ciclo de una vida.

❖ Esta división energética genera la dualidad del Ser humano, su relación con el bien y el mal.

Energía: Seres

Las energías fueron inoculadas en especies que reunían las condiciones para lograr: un Ser consciente y evolutivo.

Los primeros seres con energía consciente vivían más años que actualmente, incluso eran de mayor tamaño. Estaban en proceso de adaptación a las condiciones ambientales, con ritmos naturales distintos a los que conocemos, ciclos más largos.

La energía de los seres no tenía referencias del tiempo como medida. Fue su interacción en el entorno material lo que les aportó ese conocimiento.

Al adaptarse a su entorno, aumentar sus capacidades y aptitudes físicas, así como su capacidad mental: se fueron reduciendo los tiempos, los ciclos. Se redujeron los tamaños y la longevidad de los seres.

Cada energía tiene unas cualidades y capacidades intrínsecas. Al ocupar un ser racional, logran completarse. Entran en juego más factores: gracias al cuerpo físico y su recorrido en los ciclos o vidas.

La energía nos da la capacidad de conectarnos a otras, a la información que acumula la energía en su totalidad. El aprendizaje de los seres, en sus vidas, se acumula como información comunal energética.

Energía: Vidas

Hay muchas energías formando parte del UNO, tantas, que no todas están en el plano físico. El número de energías es mayor que el de seres evolutivos.

❖ Para <u>crecer</u> y <u>evolucionar</u>, necesitan pasar por etapas en vida.

No siempre están en un cuerpo físico, aunque tienen la capacidad de permanecer como energías, interaccionando en la vida.

Dependiendo del nivel de conexión y evolución que alcancen, tendrán más o menos capacidad para conectarse al mundo material.

Hay energías que necesitan de muchas vidas para elevar su nivel, otras, en cambio, tienen más capacidad evolutiva.

❖ Las hay que no desean su paso por la vida y las que se ofrecen voluntarias.

Tanto en su paso por las vidas, como en su forma energética, se crean lazos entre ellas, de manera que es común que coincidan muchas veces en el mundo material.

Hay energías muy arraigadas a lo físico, a las vidas en el plano material; pero la evolución natural de las energías es tender a ser únicamente energía, en conexión con el UNO.

❖ El <u>aprendizaje</u> y <u>crecimiento</u> a través del plano material, completa a la energía.

Cuando las energías llegan a su máximo estadio de conexión, no tienen necesidad de ocupar un cuerpo físico; solo si es su deseo cumplir otro ciclo de vida. Pero hasta alcanzar la conexión total, hay que cumplir con los planes evolutivos de la energía.

En ocasiones las energías evolutivas acuden al plano material, para acompañar y ayudar a seres con especial conexión entre ellas, para completar tareas inconclusas, o para cumplir promesas realizadas en otras vidas.

En los inicios de la presencia de las energías evolutivas en la tierra, una vez que los seres evolutivamente estaban preparados, hubo mucha disparidad de especies. Diferencias morfológicas, en capacidades físicas y mentales, en capacidad adaptativa y de proliferación de su especie.

Era un caos, puesto que a esto se sumaba que el planeta aún no era del todo estable geológica y meteorológicamente. No se producían ciclos meteorológicos estables como en la actualidad.

A pesar de que aumentó el número de seres, colonias, civilizaciones, el desorden también fue en aumento.

• Los seres evolucionaron hacia un mundo regido por el caos, el egoísmo, el salvajismo.

Muchas energías aprovecharon estos tiempos para hacerse poderosas, sometiendo a muchas otras, en un bucle constante que las impedía avanzar. Entendían como principal en importancia, su estancia en la vida.

Estaban totalmente unidas a su plano material y era su único objetivo. Contaban con una gran conexión a todo lo material: al agua, a la tierra, a los campos energéticos.

El sistema no funcionaba para el verdadero objetivo energético.

En este intento civilizatorio, algunas sociedades alcanzaron un gran desarrollo.

Algunas fueron poderosas, numerosas, expandiéndose por el planeta.

Otras no alcanzaron ese nivel: en ocasiones derrotadas por sociedades rivales, destruidas por desastres naturales, o consumidas a sí mismas.

Las menos, sobrevivían en pequeñas comunas, con independencia del resto, o sin mucha interacción con sus coetáneos.

Segunda Parte

Primeras Civilizaciones

En esos primeros grupos de habitantes del Planeta, las civilizaciones antiguas, existían seres con capacidades increíbles.

Su conexión energética era más activa que en la actualidad. Tenían gran facilidad para la conexión. Era un sentido más, como el tacto o el gusto. Era parte de su Yo.

Unos lo desarrollarían más que otros, pero tenían una conexión natural innata, superior a la actual.

Esta capacidad les facilitaba la conexión con energías externas a su escenario, a energías superiores y a todo tipo de energías, lo que generó gran confusión.

A lo largo del periodo de tiempo que las antiguas civilizaciones habitaron el Planeta, aparecieron muchas ideologías, religiones e idolatrías.

Las energías gozaron de libertad total para su evolución. Con el tiempo y la interacción en su medio, desarrollaron cambios adaptativos, abandonando los planes iniciales.

Al colonizar el planeta (tras la preparación de UNO), escogieron a los seres sin referencias previas temporales. No tenían experiencia como seres corpóreos. Eligieron en base a la importancia de la energía, no tanto del escenario.

Las **doce tribus** quedaron establecidas así:

Tribu uno, eran humanos. Esta tribu tuvo como líder a Luz, encarnado en un ser humano, en su intento de ayudar al buen desarrollo del escenario. Estaba especialmente conectada a la luz.

Tribu dos, eran gigantes, conectados al metal.

Tribu tres, eran águilas, conectados al aire.

Tribu cuatro, eran felinos, conectados con tierra.

Tribu cinco, eran humanos pequeños, conectados con tierra.

Tribu seis, eran delfines, conectados con agua.

Tribu siete, eran reptiles, conectados con tierra.

Tribu ocho, eran elefantes, conectados con tierra.

Tribu nueve, eran árboles, conectados con madera.

Tribu diez, eran humanos, conectados con fuego.

Tribu once, eran simios, conectados con madera.

Tribu doce, eran humanos anfibios, conectados con agua.

La imagen que tenemos de estos seres no se corresponde a la realidad de aquella época. Muchas antiguas leyendas transmitidas hasta la actualidad tienen su origen en estos tiempos.

Desde entonces los humanos gozamos de una especial conexión con Luz y con Fuego.

Periodos Antiguas Civilizaciones

Periodo Inicial

Periodo de adaptación al medio, al propio ser y a sus congéneres.

Se produce la estructuración interna de las tribus. Se desarrollan las tribus individualmente, cada una con su propia evolución, sin conocimiento del resto.

· Temporalmente es el periodo más prolongado.

Gracias a la convivencia, compartiendo el plano físico a lo largo del tiempo, los seres adquirieron experiencia, conocimientos; se generan lazos entre tribus distintas y los primeros enfrentamientos y competencias entre ellas.

Inicialmente, las tribus tienden a conectarse por su elemento de referencia, de modo que: Las de agua interaccionan entre sí. Las de madera entre sí, etc. Otro factor para las conexiones entre ellas era la localización, los encuentros físicos en el escenario.

Las energías de Fuego llegaron a dominar las tribus diez (humanos), tribu cuatro (felinos), tribu seis (delfines), y tribu siete (reptiles).

El carácter individual de estos seres, congeniaba con las cualidades de Fuego. Se organizaban por núcleos familiares, sin la formación de sociedades numerosas.

Las energías de Luz, encontraron una conexión más favorable en: la tribu uno (humanos), tres (águilas), cinco (humanos pequeños), ocho (elefantes) y nueve (árboles).

Las otras tribus permanecieron de manera más independiente, sin decantarse por ningún bando.

En el transcurso de este periodo tan extenso, otras tribus de otros planetas del Universo se adaptaron, organizaron y evolucionaron de manera más rápida y óptima para las energías y los seres en los que se encarnaban.

Todas las tribus se desarrollan al mismo tiempo, cada una en su escenario, en esta época inicial, con toda la creación tan reciente, todavía no existía mucha relación entre ellas.

Los seres se mantenían en su burbuja individualizada, todo lo que conocían se concentraba en su propio escenario.

En el planeta Tierra, la progresión energética era lenta, los periodos o estancias en las vidas eran muy largos. Los seres se acomodaron a esos espacios temporales, se arraigaron en exceso a sus vidas. La estructura de las tribus favorecía los crecimientos individuales y frenaba la progresión energética.

A medida que avanza este periodo, los seres son más conscientes de sus limitaciones fisionómicas, para con el entorno y para su evolución.

En la recta final de este periodo, se comienzan a desequilibrar las tribus de la Tierra. Comienza el trasvase de energías evolutivas de unas a otras, en busca de más adaptabilidad o más progresión.

El número de individuos que participaban activamente en la evolución energética, en este periodo, fue bastante menor que en la actualidad.

La gran parte de las energías permanecían largos espacios temporales sin acceder a una vida en el plano físico, además la duración de estas vidas era mayor. La evolución energética era pausada.

Periodo Medio

Las energías comenzaron a rechazar seguir compartiendo sus experiencias en algunas de las tribus, deseaban cambiar a otras que resultaban más atractivas como Seres vivos.

Las tribus más afectadas por la migración energética fueron la de los delfines, seguidos de los reptiles, árboles y los humanos anfibios. Se redujeron drásticamente.

Muchas energías se revelaron, restaron importancia a los líderes naturales. Provocaron cambios en la organización de las tribus, no respetaron el plan organizativo. Esta sublevación condujo a un gran desequilibrio entre las energías Luz y Fuego.

Prácticamente, todas las energías sublevadas fueron adoptadas por la tribu humana conectada a Fuego. Esta tribu creció en número de individuos, y en su afán de dominio, acosó al resto. Conquistó territorios y se hizo muy poderosa.

❖ UNO, en respuesta al desequilibrio energético y la deriva de los seres del escenario (donde crecían las disputas y la confusión), sanciona a los seres, provocando una transformación física del escenario: del planeta Tierra.

Aconteció una glaciación que redujo el escenario considerablemente. Modificó los hábitats de muchos seres.

Generó un nuevo periodo adaptativo de éstos, a las condiciones ambientales. Disminuyó el número de individuos de todas las especies del Planeta, con lo que la capacidad de evolución de las energías se frenó.

❖ Muchas energías tomaron conciencia de la importancia de su paso por la vida a partir de este suceso.

Fue un duro golpe para la conciencia energética. Consiguieron una progresión importante siendo seres vivos, actuando en el medio material, pero se vio truncada.

La frustración derivó en apego a lo material, al individualismo, al egoísmo.

Con el escenario reducido y los fenómenos meteorológicos exacerbados, las tribus energéticas descompuestas, se avecinaron tiempos duros de: hambrunas, plagas, luchas y confusión.

Aparecían nuevas creencias en las sociedades. La búsqueda del conocimiento llevó al incremento de religiones, deidades y mitologías.

En este periodo, se fomentó la imagen de Dioses como seres accesibles a las personalidades mundanas. Seres dominantes con los que solo algunos elegidos podían contactar (intereses originados en esos tiempos confusos). Numerosas energías consideradas como Dioses, lo eran con sus imágenes corpóreas. El que se asemejasen a formas conocidas resultaba idóneo para la transmisión y aceptación de sus roles. Les otorgaban una imagen. Los convirtieron en iconos, aumentando el apego a lo material.

Los individuos, que en su origen siempre han estado sustentados, acompañados del resto de sus congéneres, en estos tiempos, se sentían desarropados, abandonados. Buscaban explicación a los sucesos ocurridos. La información anclada a la energía pasó a segundo plano a raíz de la sublevación de éstas y del cambio físico en el escenario.

Rompieron con sus lazos energéticos y ayudaron en la evolución al conjunto de energías de Fuego. Descompusieron el esquema evolutivo.

A medida que perdieron la conexión intrínseca a sus energías, fueron encontrándose sin referentes en el plano incorpóreo.

En esta etapa de las civilizaciones, el planeta Tierra recibió por primera vez la visita de seres de otra galaxia.

De las doce tribus que UNO creó en el Universo, hay dos que progresaron velozmente, sin contratiempos importantes.

Evolucionaron en su medio por encima de las otras tribus.

Son dos tribus exploradoras del Cosmos:

- La tribu número ocho, de una galaxia cercana a la Vía Láctea, son los seres extraterrestres que nos visitaron, y nos visitan. Son una especie viajera, colonizadora de planetas. Realizan desplazamientos intergalácticos. Interaccionaron con las sociedades en la Tierra. Aprovecharon recursos naturales como metales, para continuar con su evolución y sus exploraciones espaciales. Tenían más capacidad de conexión a la energía que los habitantes de nuestro planeta, además de contar con mayor tecnología. Hicieron de la Tierra, una de sus bases avanzadas para sus desplazamientos.

* La otra tribu exploradora, que es la número doce, se encuentra muy alejada de nuestra galaxia. Ésta es una de las razones para que no hayan aparecido físicamente en nuestro planeta. La otra es el dominio de territorios en el Universo por las distintas tribus. Para lograr la dominación de su entorno, han sufrido enfrentamientos, sobre todo al principio de sus encuentros. Han combatido en localizaciones repartidas por el Cosmos, pero no en sus propios escenarios.

Los seres de la tribu ocho, están muy avanzados evolutivamente en comparación a nosotros. Cuentan con mayor conexión a la energía.

La conexión superior de la que gozan hace que respeten la planificación de UNO. La Tierra es un escenario elegido para la evolución energética, razón para que no hayan dominado o conquistado el planeta.

Su interacción es mucho más intensa en planetas sin conexión al sistema de tribus, los colonizan y explotan sus recursos.

Sus primeras visitas a la Tierra, hace alrededor de sesenta mil años, produjeron gran impacto en los seres terrícolas. Se les concedió el rango de Dioses en muchas sociedades.

Se los admiraba y glorificaba por sus capacidades increíbles, pero también se los temía. De hecho, esclavizaron a muchos individuos, destinándoles a trabajar en pro de sus intereses: el abastecimiento para sus sociedades.

Transmitieron conocimientos y dejaron huellas perdurables en la memoria de los terrícolas.

A medida que avanzó su evolución y la nuestra, decreció su interacción en este planeta.

Último Periodo

Los últimos tiempos de las civilizaciones antiguas, destacan por la dominación de las energías de Fuego.

Se transformaron en sociedades enfermizas, corruptas. Movidas solo por intereses materiales. Sin avance para la evolución de las energías.

Los Seres pasaron por un proceso largo de desconexión, empujados por una civilización en decadencia. Son tiempos marcados por la violencia, la injusticia y el dolor.

De las tribus originales del planeta Tierra, no queda apenas rastro.

Son mantenidas por algunas energías que se sienten responsables. Éstas continúan guiando y ayudando a los suyos; aunque cada vez, están más aisladas y debilitadas.

Los humanos como seres más adaptables al entorno, capaces de extenderse y manejarse mejor gracias a sus condiciones fisionómicas, se hacen con el dominio absoluto de las especies y los territorios: destruyen, aíslan y dominan al resto de seres.

Crece la idolatría entre sus sociedades, crece la confusión. Se desconectan totalmente del conocimiento energético. Son tiempos oscuros, de guerras, sufrimientos, desesperanza.

El Gran Cataclismo

Luz y Fuego fueron reclamados por UNO.

El escenario Tierra presentaba un desequilibrio estructural de sus seres. Energéticamente no resultaba viable mantener el escenario.

Las energías evolutivas en sus vidas en el plano material, lejos de: progresar, crecer, conectarse, de acuerdo al plan energético, vieron el escenario y su estancia en él, como el objetivo prioritario.

UNO les anunció su decisión de eliminar ese escenario.

• Las energías son eternas, los escenarios y los pasos por ellos son efímeros.

Resulta muy fácil para UNO desequilibrar un planeta y que el escenario desaparezca.

Luz, entendiendo esa solución drástica como efectiva y sencilla para UNO, empatizó con los seres evolutivos, dando valor a su recorrido, a las acciones positivas de muchas de estas energías.

Luz intercedió por las energías evolutivas ante UNO, las excusó por ser un intento primerizo. Asumió su culpa de como se había desarrollado el escenario. Por ser demasiado reciente el estado inicial como energía de los Seres, sin memoria histórica de lo terrenal.

Aludiendo a lo efímero del tiempo, Luz propuso a UNO realizar otro intento evolutivo en el mismo escenario, interaccionando las mismas energías.

Esta vez sería un intento mejor planificado, más unido a lo terrenal. Con estancias más reducidas temporalmente, lo que daría más valor al paso de los seres por sus escenarios físicos.

Luz prometió ayudar en el equilibrio del proyecto y guiar a los seres evolutivos.

Transmitió a UNO que se respetaría la base del sistema, las doces tribus. Porque lo que funciona en un nivel superior, funciona en uno inferior.

Fuego, que ha asistido en silencio, en posición sumisa ante UNO, evidenciando su superioridad sobre Luz (la superioridad que el recorrido de las energías evolutivas en el escenario le otorgó, ya que el plan energético se vio truncado, derivando en apego a lo material, aumentando con ello, el número de sus aliados en detrimento de los de Luz), dio valor al proyecto de Luz. Se disculpó ante UNO, volcando en los seres terrenales la culpa del desastre.

UNO, del que forman parte Luz, Fuego y todas las energías de este universo, contiene toda la sabiduría. Es infalible, sabe de las estrategias de Luz y Fuego.

Conoce a Fuego y sabe que se siente superior a Luz, lo que rompe el equilibrio. El escenario y su evolución favorece a las energías de Fuego. Al entrar en juego lo material y temporal, el escenario se hace propicio para que se busque la notoriedad, la individualidad.

Pero UNO sabe que a fuego le conviene reiniciar el escenario, los egos de muchas energías evolutivas, se le pretendían equiparar. En pro del equilibrio, es un paso necesario.

Fuego renunció a todo el poder, prometiendo a UNO con profundo respeto, que cumpliría con las nuevas reglas.

- UNO sabe que son tal para cual y se tienen que equilibrar.

Empatizando con ellos, concedió una nueva oportunidad de creación en el escenario del planeta Tierra, con las mismas energías evolutivas.

Rompería los lazos energéticos de manera que los tiempos pasados se ocultasen a los seres futuros.

Luz y Fuego, solo podrían interaccionar en el escenario de forma puntual, o como energías externas.

Luz no se reencarnó físicamente en un ser, cedió su liderazgo de tribu a una energía cuya progresión fue óptima.

Las energías de los líderes de las doce tribus del planeta Tierra, fueron avisadas de la decisión de UNO. Ellos tomarían las medidas adecuadas según su experiencia. Unos optarían por salvar individuos, otros prefirieron reiniciar por completo la experiencia evolutiva.

No les serviría de nada enfrentarse a la decisión de UNO.

- El objetivo era equilibrar.

Los seres evolutivos debían unificarse en una especie nativa del planeta Tierra. Una especie capaz de progresar en su medio físico, así como de cumplir con el plan energético, desarrollando la función esencial de estas energías; el crecimiento y la conexión.

El resto de especies cumplirían funciones secundarias. Su energía está anclada a este escenario, a este planeta. No tienen la información sobre las energías del Universo.

Antes del cataclismo, UNO prepara el escenario. Las energías conscientes ven disueltas las tribus iniciales, los habitantes quedan sin referencias del mundo antiguo.

Las energías especiales, líderes de tribu, las más preparadas, también comparten el escenario en vida para acompañar y ayudar, (no siempre permanecen como energías). Se encarnan para compartir la experiencia.

En respuesta al plan de UNO, de reiniciar el escenario, muchas acudieron para liderar el proceso del cambio.

UNO tiene gran poder, le bastó con desequilibrar el planeta y el cataclismo aconteció:

- Cambiaron los polos magnéticos.
- Hubo una ligera desaceleración de la rotación del Planeta.
- Terremotos.
- Aconteció una glaciación y diversos ciclos con aumento de oscuridad por el desequilibrio planetario y la acción de volcanes.
- Lluvias incesantes.
- Aumento del nivel de los océanos, se hundieron numerosas masas continentales, provocando tsunamis de gran envergadura.
- El agua salada que penetró en las tierras inutilizó muchos campos.
- Periodos de sequías continentales.

Y muchos más efectos que se sumaron y desestabilizaron el escenario por muchas generaciones.

Posterior al Cataclismo

Tras el reseteo del escenario, las energías en busca de la conexión: las energías evolutivas, se concentraron en la especie humana.

El resto de seres tiene energía, pero ya no es evolutiva. Aun así, están conectadas, pueden ayudar.

Los seres que sobrevivieron ocupaban todos los continentes, en zonas muy específicas que aún reunían condiciones habitables. Muchas veces sobrevivieron refugiados en cuevas, escondidos bajo tierra o en zonas muy elevadas a las que costó adaptarse a varias generaciones.

El principal grupo humano posterior al cataclismo sobrevivió en el continente africano, en agradecimiento a su conexión eterna.

En este escenario del Planeta, el sistema de tribus resultó muy funcional, se mantuvo arraigado por más tiempo. Lograron una especial conexión con su entorno, así como una mayor aceptación del plano energético.

Estos nuevos grupos humanos, repartidos por los continentes, convivían con continuos cambios físicos y meteorológicos del escenario. Un nuevo marco para la evolución, todavía inestable, en continua transformación.

El humano se adaptó al escenario, evolucionó en sintonía con su entorno, la energía guarda la información necesaria para que los seres evolucionen.

❖ Tuvo que transcurrir mucho tiempo para que estos primeros grupos humanos proliferasen.

En general, al principio eran pocos Individuos, en grupos muy reducidos, con mucha conexión familiar. Respondían a una figura líder de la comunidad, matriarca o patriarca, que imponía un orden.

❖ Todos los miembros resultaban esenciales para el desarrollo del grupo.

A los miembros de más edad, se los distingue concediéndoles puestos elevados en la organización de los grupos, ya que se encargaban de transmitir la sabiduría obtenida a través de los tiempos, a las nuevas generaciones.

Uno de los mensajes que más se transmitía, de generación en generación, debido a su afectación global, fue el cataclismo ocurrido en tiempos recientes.

El sentimiento global de los seres, les hizo entenderlo como un castigo de los Dioses por su desconexión. Así fue transmitido en muchas culturas, los Dioses castigaron a los antiguos.

Este mensaje caló, de manera que se creó en el subconsciente colectivo la idea de que los antiguos no merecían el vivir en el escenario y los nuevos humanos, adaptaron todos los restos de las antiguas sociedades a sus nuevos esquemas, creyéndose más adecuados, más evolucionados.

Cada grupo, dependiendo de su escenario progresó a su modo, asegurando la existencia como prioridad. Evolucionando como sociedades a fin de asegurar su presencia, su continuidad.

Los grupos humanos estaban inicialmente secciona-
dos en Doce Tribus, repartidas por las distintas localizaciones habitables del Planeta.

Disponían de conexión con los cinco elementos energéticos (tierra, agua, madera, fuego y metal). Mantenían
la conexión energética con su entorno, con su medio físico.

La dificultad añadida era mantener estos elementos en
equilibrio.

Estas son las tribus iniciales después del cataclismo:

Tribu uno, mitad sur del continente africano, es la principal en número de individuos.

Tribu dos, Australia, mantuvo mucho tiempo su independencia con el resto debido a su escenario geográfico.

Tribu tres, islas del Sudeste Asiático, grupos pequeños.

Tribu cuatro, islas del Asia oriental, se mantuvieron protegidos de influencias externas, aislándose.

Tribu cinco, Asia oriental, cultura que se mantuvo siempre muy conectada a la energía e interaccionó con otras tribus.

Tribu seis, Europa del este, muy conectada a su tierra.

Tribu siete, Oriente Medio, el cruce de caminos por excelencia, espacio deseado por muchas sociedades.

Tribu ocho, Europa Central, rudos, acostumbrados a conflictos con sus convecinos.

Tribu nueve, Países Nórdicos, un escenario de recursos escasos.

Tribu diez, Norteamérica, proliferaron por su extensa localización.

Tribu once, Península Ibérica, idóneo escenario y muy adaptable a las sociedades.

Tribu doce, Sudamérica, abundancia complicada de gestionar.

Cada tribu, cuando estaba suficientemente desarrollada, dio lugar a su vez, a doce tribus repartidas por la localización.

Para las energías, era un entorno muy fructífero.

Disponían de una nueva oportunidad para desarrollar su potencial en este escenario restaurado.

Su energía estaba unida a la naturaleza, de fácil conexión. La experiencia de las energías evolutivas en los escenarios físicos ayudó.

Las capacidades energéticas les permitieron conectarse para: encontrar agua, localizar zonas insanas en los terrenos, solicitar la lluvia, sanar, conectarse a energías de ayuda, y acciones inimaginables hoy en día.

Fueron tiempos de: chamanes, origen de rituales y creencias, de búsqueda de respuestas.

Inicio de la Agricultura como Industria

Cuando el clima del Planeta se equilibró, se volvieron estables los ciclos meteorológicos: permitiendo a los pueblos cultivar en los mejores terrenos, con la seguridad de que fructificarían las cosechas.

Esto condujo a los grupos humanos a establecerse en zonas más amplias y de forma más estable. Poco a poco, fueron mejorando y ampliando la variedad de los cultivos.

Prácticamente, todos los pueblos aumentaron sus cultivos de alimentos, solo algunos mantuvieron sus costumbres inalteradas, por cuestiones de localización o culturales. Aumentó exponencialmente el consumo de cereales, principalmente. La agricultura progresó y se extendió por todo el Planeta, allí donde las condiciones lo permitieron.

Siendo cazadores-recolectores, los humanos no tenían capacidad de formar grupos muy numerosos, dependían del acceso inmediato al alimento. Recorrían grandes extensiones de terreno en busca de caza, agua, combustible, etc. La conservación de alimentos era mínima, se salaba y ahumaba restos de caza y pesca, pero eran cantidades limitadas.

Con el inicio de la agricultura, los pueblos comienzan a tener reservas de alimentos disponibles para todo el año. Este hecho produce un cambio profundo en esas sociedades. Al contar con sobrantes de las cosechas, estos se incorporan al pequeño comercio existente, basado en el trueque.

El cereal, principalmente, se convierte en un bien con el que comerciar, asegurar el sustento de los Individuos y en un marcador de estatus.

❖ La competencia entre grupos se enraíza.

Siempre ha existido competencia por las mejores zonas de caza, los refugios, el agua. Ahora el concepto de la propiedad se hace dominante. El abastecimiento es prioritario.

Las mejores tierras cultivables, la mano de obra específica, los almacenes de productos, aumenta la posición del grupo social, generando envidias entre ellas.

La protección de estos nuevos valores lleva consigo el aumento de los individuos dedicados a la defensa, cuantos más guerreros, más bocas que alimentar y más había que cultivar. Se profesionaliza la figura del guerrero.

❖ Los cambios sociales favorecen claramente los deseos de Fuego.

En los grupos reducidos, en las tribus tempranas, las discrepancias entre sus energías y las de Luz, se mantenían en equilibrio, se complementaban con sencillez. Existían competencias individuales, pero el sistema de tribus las mantenía estables.

Fuego colonizaba con sus energías estas tribus, no disponían de un sistema progresivo propio. Convivían amigablemente.

Con la aparición de la agricultura, su desarrollo y sus consecuencias, las energías aliadas a Fuego, elevan sus cualidades diferenciales respecto a las de Luz: fomentan su ego, su vínculo a lo material.

Numerosas energías del bando de Fuego abandonan las formaciones sociales, rompen con los líderes naturales y sus normas, inician sus propias agrupaciones, se desintegran muchas tribus como organización social. Sus sociedades se basan en el poder, en liderazgos y servilismos. Su comportamiento es voraz, con respecto a sus convecinos y con sus propios individuos.

❖ Instauran sus propias normas y leyes, su propia moral.

Al modificarse la organización natural de las tribus, las energías de Fuego vuelven a querer crecer por encima de todas de manera individual. Lo llevan en su interior, en su información intrínseca como energía, pues son como Fuego.

La evolución de la civilización a sociedades cada vez más amplias y desnaturalizadas, favorece a la línea energética de Fuego.

❖ Él se retroalimenta del crecimiento de sus energías.

En los grupos sociales reducidos, se mantenía su posición e importancia energética estable, equilibrada.

Fuego contempla la progresión de sus energías y la difuminación del plan de Luz. Los seres cada vez están más unidos a lo material, a las recompensas en vida, alejándose de la conexión energética. Se resta importancia a las enseñanzas de los seres de Luz. Se los margina y se los combate.

A Fuego le favorece el caos, el desequilibrio. Pretende sembrar el desconocimiento, la limitación y confusión. Quiere que los humanos valoremos, por encima de todo, nuestra estancia actual en la vida, que nos creamos los únicos en un escenario único, que ignoremos las lecciones de nuestros antiguos. Que no progresemos.

- La aspiración de fuego de crecer e igualarse a UNO, nos arrastra hacia el caos.

Tercera Parte

Escalas Energéticas

Cuando las energías evolutivas no ocupan un ser en vida (un cuerpo material), necesitan de una organización. Sin ningún tipo de orden, pulularían por el Cosmos, haciendo y deshaciendo a su antojo. Sería un despropósito.

❖ Esto no beneficiaría a los planes de UNO.

Para evitar que las energías desaprovechen su existencia, para que crezcan y alcancen la conexión total con el UNO, necesitan disponer de un plano físico donde recoger vivencias. Además de un método de estructuración para su estado como energías.

❖ En el plano energético existen siete niveles o categorías.

Todas las energías evolutivas deben superar estos niveles para alcanzar la conexión total. Para ascender, hay que cumplir con lo requerido en cada nivel. Pasando por las vidas que resulten necesarias para el desarrollo del aprendizaje y verificando como energía ese avance.

En ocasiones, las energías evolutivas logran superar un nivel con solo una vivencia en lo terrenal; pero lo habitual es dedicar más vidas, puesto que, sumado a la dificultad del reto en sí, están los lazos generados en las vidas con otras energías.

Las hay que se sienten tan atraídas a la experiencia terrenal, que no consiguen avanzar por los niveles energéticos.

Todas las energías evolutivas del planeta Tierra (tanto las de Luz como las de Fuego), se incluyen en esta pirámide con siete niveles energéticos.

El nivel inicial lo forman miles de millones de energías, a medida que se asciende, disminuye el número de miembros. En el séptimo nivel hay centenares de energías. Las que han superado la pirámide y están en conexión directa con el UNO, son una treintena.

Requisitos para superar los niveles energéticos:

Nivel uno: valorar la vida como experiencia.

Nivel dos: adquirir conciencia de la parte energética en vida.

Nivel tres: adquirir conciencia de la necesidad de ayudar a todos los seres.

Nivel cuatro: adquirir conciencia de superación de niveles en la pirámide energética.

Nivel cinco: adquirir humildad.

Nivel seis: entrega absoluta.

Nivel siete: renunciar a todo para la integración absoluta.

Desenlace

Energías Evolutivas

❖ Son tiempos de cambios en la tribu número siete del Universo.

En la actualidad, en el planeta Tierra, no existe la estructuración en forma de tribus de las energías. Han sido disueltas, anuladas por UNO.

❖ No hay energías guías a las que seguir. No hay grandes maestros.

Los humanos han de convivir sin referentes en lo energético, de este modo, se hará notable la conexión de cada individuo.

Energéticamente, solo quedan las dos facciones Luz y Fuego, las energías permanecen en uno u otro bando.

La convivencia y experiencia del ser humano en su escenario, a lo largo del tiempo, ha llevado al extremo a estos dos grupos contrapuestos.

Energéticamente no eran tan distantes, se complementaban y se mantenían en equilibrio. Pero como seres humanos, en la actualidad, estos dos grupos se alejan del equilibrio progresivamente.

Los seres humanos mantienen sus creencias, ideologías, asociaciones, pero son tiempos de cambios y aunque entraña dificultad, deben buscar su progresión individual.

Somos seres sociales, buscamos cobijo entre los nuestros, y los lazos a lo material son fuertes, pero energéticamente la disociación es un hecho.

Progresivamente, la disociación calará en los individuos, encaminándolos al conocimiento de su ser, conectándolos a su energía.

En la actualidad, energéticamente no hay tribus ni líderes, lo cual no quiere decir que la energía evolutiva esté desestructurada, mantiene su organización a nivel energético.

El papel del ser humano, como especie pobladora de un escenario, es secundario en estos momentos. Hay que dar toda la importancia al papel energético de cada uno, de cada ser.

Son tiempos para potenciar las cualidades energéticas de las que disponemos innatamente y para aumentar nuestro entendimiento, así como nuestra conexión.

Además de la diferenciación entre energías Luz y Fuego, existen cargos energéticos con importancia estructural para la energía global.

En la Tierra hay actualmente, seis energías evolutivas principales que se corresponden a los cinco elementos energéticos: madera, fuego, tierra, metal y agua, y la energía evolutiva representativa de Tao que conexiona a todas.

Estas seis energías están en la actualidad representadas por personas capacitadas especialmente para su conexión, para su crecimiento y para cumplir con la misión de su energía en esta estancia vital.

La energía de estas personas los conduce hacia los objetivos planificados para ellos. Sus experiencias vitales los guiaran hacia este fin. Resulta fundamental su conexión para el equilibrio energético.

Son todas energías de Luz, ya que éstas, sistemáticamente, son las que asumen responsabilidades en las planificaciones energéticas, desde el principio de los tiempos.

❖ Los cinco elementos energéticos necesitan estar equilibrados.

Estas cinco energías evolutivas deben equilibrar su propia energía; equilibrarse entre ellas; entre elementos. Tienen que estar conectadas entre ellas y a la energía superior, al UNO.

❖ Para la realización de estos objetivos, cuentan con la ayuda de la energía **Tao**.

La energía evolutiva que representa la figura del Tao cuenta con la facilidad innata para realizar su propia conexión y efectuar la conexión general del resto de energías. Es el principal canal energético en el escenario actual.

❖ El **Tao**, es el encargado de ubicarlas, prepararlas energéticamente. Ayudándolas a equilibrarse y a potenciar sus energías, enfocándolas hacia su vinculación y evolución.

Estas energías están distribuidas por el escenario del planeta Tierra, formando una red energética fundamental. Facilitando la conexión de todas las energías evolutivas que actualmente participan en el desarrollo de los planes superiores.

Localización de las energías evolutivas representativas de los cinco elementos en la Tierra:

❖ **Elemento metal**: América del Norte

❖ **Elemento tierra**: América del Sur

❖ **Elemento fuego**: África

❖ **Elemento madera**: Australia

❖ **Elemento agua**: Asia

❖ La energía evolutiva que encarna al **Tao**, donde confluyen todas para su conexión a la energía superior, se encuentra en Europa.

Todos los seres evolutivos deben progresar en la búsqueda de su propio camino, con el fin de conectarse a esta red energética global, desde el _conocimiento_ del plano energético, la _aceptación_ del propio ser y _priorizando_ la importancia de la energía evolutiva.

Cuantos más seres se conecten, mayor será el incremento en la conciencia global, en la conexión total energética en pro del equilibrio energético.

Luz y Fuego

Actualmente, de las dos secciones diferenciadas energéticamente: Luz y Fuego, hay en representación terrenal a cada grupo, una energía evolutiva de capacidad superior a lo común, llamadas **Yin** y **Yang**.

Yin es un ser de Luz. La más capacitada de las energías de este grupo en el escenario para contrarrestar al Yang. Necesita situarse en equilibrio con su contrapuesto, en su propio avance por el recorrido piramidal energético, ayudando a las energías evolutivas de Luz.

Yang es el contrapuesto a Yin. Es el ser de Fuego con la mayor de las energías de su clan. Como misión tiene el aumentar el número de energías Fuego. Está en su naturaleza combatir a los seres de Luz.

Entre estos dos seres evolutivos, debe existir equilibrio energético, para lo cual, deben adquirir <u>conciencia</u> de sí mismos y del <u>estado actual</u> energético del <u>escenario</u>. Como todo ser evolutivo, deben satisfacer los planes que su energía ha trazado para ellos.

❖ Se trata de un equilibrio, complicado de sostener, muy inestable.

Las energías de Luz tienden a <u>ayudar</u>, mientras que las energías de Fuego buscan <u>desestabilizar</u>, ocultar el camino de la evolución energética.

Cada Ser debe <u>conectarse</u> a su propia energía evolutiva, <u>reconocerse</u> e <u>integrarse</u> en el sistema energético.

El mensaje que la energía quiere transmitir a los seres evolutivos en estos tiempos, sin lazos estructurales, es:

"Esperar y Confiar"

❖ Luz y Fuego ayudarán a los seres en pro del equilibrio energético